农民培训教材

总主编：马冬君

寒地大白菜高效栽培技术简明本

主　　编：牛柏忠　　于非

参编人员：史庆馨　　赵丹　　王远纤　　王琳

中国农业出版社

北　京

图书在版编目（CIP）数据

寒地大白菜高效栽培技术简明本 / 牛柏忠，于非主编.—北京：中国农业出版社，2024.6
ISBN 978-7-109-31896-0

Ⅰ.①寒… Ⅱ.①牛…②于… Ⅲ.①寒冷地区—大白菜—蔬菜园艺 Ⅳ.①S634.1

中国国家版本馆CIP数据核字（2024）第076236号

中国农业出版社出版
地址：北京市朝阳区麦子店街18号楼
邮编：100125
责任编辑：闫保荣
版式设计：小荷博睿　　责任校对：吴丽婷
印刷：中农印务有限公司
版次：2024年6月第1版
印次：2024年6月北京第1次印刷
发行：新华书店北京发行所
开本：787mm×1092mm　1/24
印张：4.5
字数：45千字
定价：58.00元

F前言
Foreword

　　大白菜是起源于我国、发展于我国，深受我国广大消费者所钟爱的副食品，特别是在冬春季蔬菜市场供应中占有举足轻重的地位。我国也是大白菜生产和消费世界第一大国。白菜类蔬菜在全国从南到北均有分布，种植面积大，适应性广。黑龙江省的大白菜播种面积官方统计为年播种面积100万亩[*]左右，其中至少有90%以上的面积为秋白菜，其余为春白菜和夏白菜，随着科学技术的进步，北方的反季节栽培蓬勃兴起，除了满足北方

----

[*]　1亩 = 1/15公顷。

当地市民的蔬菜需求，还可以作为北菜南运的主要蔬菜，填补南方某一时期蔬菜短缺的空白。

　　本书简单地介绍了大白菜的起源、生长发育特点、栽培模式与环境条件的关系，介绍了高效栽培技术的要点。本书采用插图方式，看起来简单易懂，一目了然，便于在田间操作时使用。同时附有优良品种介绍及病虫害防治技术等，力求做到简明、实用。编写本书的宗旨是希望它能解决农民生产中遇到的实际问题，为广大农民朋友创收增效贡献微薄之力。

　　本书主要由牛柏忠、于非两位同志编写，史庆馨、赵丹、王远纤、王琳同志辅助编写完成，谬误和疏漏之处，敬请读者不吝赐教。

编　者

2023 年 7 月

寒地大白菜高效栽培技术简明本

C目 录
ontents

前言

第一章 概述 / 1

一、大白菜的分类 / 3

（一）植物学分类 / 3

（二）园艺学分类 / 12

二、大白菜的传播与发展 / 15

（一）大白菜在中国的传播与发展 / 15

（二）大白菜在国际上的传播与发展 / 16

三、大白菜的种植面积及区域 / 17

（一）大白菜的栽培面积、产量 / 17

（二）大白菜的产区分布 / 17

四、大白菜的营养及药用价值 / 18

（一）大白菜的营养 / 18

（二）大白菜的药用价值 / 18

五、大白菜的生物学特性 / 20

（一）植物学特性 / 20

（二）生活周期 / 26

（三）对环境条件的要求 / 33

第二章　大白菜栽培制度及要点 / 39

一、主要生长期应处于最适宜季节 / 41

二、品种选择原则 / 42

（一）选择适于不同季节栽培的品种 / 42

（二）选择市场需求的品种 / 42

（三）选择引领高端市场的大白菜品种 / 42

（四）选择种植经济效益高的大白菜品种 / 43

（五）根据不同用途选择不同类型的品种 / 45

（六）选择目前市场上推广应用的品种 / 46

三、育苗要点 / 50

（一）育苗土的配置 / 50

（二）播种准备 / 50

（三）播种 / 51

（四）苗期管理 / 52

（五）定植 / 53

第三章 大白菜栽培技术 / 55

一、春白菜栽培技术 / 57

（一）分期播种 / 57

（二）定植 / 60

（三）苗期及田间管理 / 61

二、秋白菜栽培技术 / 63

（一）选茬 / 63

（二）整地 / 65

（三）施肥 / 66

（四）播种 / 69

（五）苗期及田间管理 / 72

（六）收获 / 76

第四章　大白菜病虫害防治 / 77

一、大白菜的虫害防治 / 79

（一）蚜虫 / 79

（二）菜青虫 / 81

（三）小菜蛾 / 82

（四）夜蛾科主要害虫 / 84

（五）黄条跳甲 / 86

（六）根蛆 / 86

（七）小地老虎 / 88

二、大白菜的病害防治 / 89

（一）病毒病 / 89

（二）霜霉病 / 90

（三）软腐病 / 92

（四）黑腐病 / 93

（五）褐斑病 / 95

（六）白斑病 / 96

（七）黑斑病 / 97

参考文献 / 98

第一章

概述

一、大白菜的分类

白菜可以分别按植物学和园艺学进行分类。

（一）植物学分类

白菜类蔬菜包括3个亚种，分别是白菜亚种、大白菜亚种、芜菁亚种。

1. **白菜亚种**。以整个嫩叶为产品器官；有明显叶柄，一般无叶翼；叶片张开，植株矮小，多数品种光滑。

2. **大白菜亚种**。大部分品种形成松散或紧实的叶球为产品器官；无明显的叶柄，叶片延伸至叶柄两侧，形成明显叶翼。大白菜亚种又分为4个变种：散叶变种、半结球变种、花心变种及结球变种。

（1）散叶变种。大白菜原始类型。顶芽不发达，不形成叶

白菜亚种

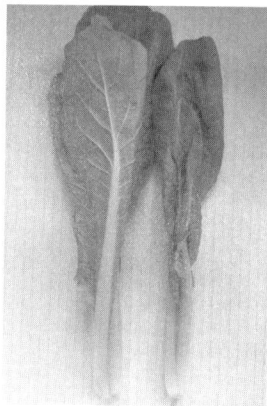

白菜亚种叶翼

大白菜亚种

大白菜叶柄及叶翼

球，作为绿叶蔬菜用。如神木马腿菜、莱芜劈白菜等。

（2）半结球变种。植株高大，顶芽的外叶发达，形成叶球，但球内空虚，球顶完全开放，呈半结球状态。常以莲座叶及球叶同时作为产品。如兴城大矬、山西大毛边。

散叶大白菜

注：引自《中国大白菜》（1998年版）。

大锉菜（吉林）

注：引自《中国大白菜》（1998年版）。

（3）花心变种。由半结球白菜变种的顶生叶抱合进一步加强而成，但叶球顶端向外翻卷，翻卷部分颜色较浅，形成白色或黄色的"花心"。耐热性较强，一般具有早熟性。如北京翻新黄、济南小白心等。

花心变种

（4）结球变种。顶芽发达，形成坚实的叶球。球叶全部抱合，叶尖不外卷，因此球顶近于闭合或完全闭合。这一变种是由花心变种进一步加强顶芽抱合性而形成，是大白菜的高级变种，栽培也最普遍，种植面积也最大。

熟性包括：45天成熟的极早熟种；70～80天的中熟种；100～120天的晚熟种。此变种因其起源地及栽培中心地区的气候条件不同而产生了下述3个基本生态型。

①卵圆形。为海洋性气候生态型，叶球卵圆形，球形指数（叶球高/直径）约为1.5，球顶较尖或钝圆，近于闭合。它要求气温温和而变化不剧烈、昼夜温差小、空气湿润的气候条件。代表品种有福山包头、胶县白菜。

卵圆形

②平头形。为大陆性气候生态型，叶球倒圆锥形，球形指数约为1，球顶平坦，完全闭合。能适应气候变化较大和空气干燥的条件，要求昼夜温差较大、日照充足的环境。代表品种有洛阳包头、冠县包头等白菜。

平头形

③直筒形。为海洋性气候和大陆性气候交叉生态型，叶球圆筒形，球形指数约为4，球顶尖，近于闭合。对气候适应性

强，分布地区广。生长期60～90天。代表品种有天津青麻叶、玉田包尖白菜等。

直筒形

大白菜的4个变种及结球变种中的3个生态型之间相互杂交，又派生出以下5个次级类型：平头直筒形、平头卵圆形、圆筒形、花心直筒形、花心卵圆形。

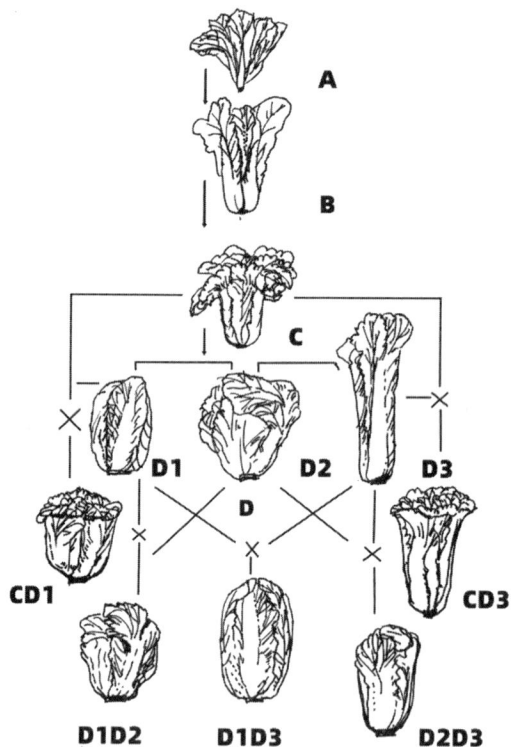

次级类型

注：A.散叶变种；B.半结球变种；C.花心变种；D.结球变种：D1卵圆形，D2平头形，D3直筒形；次级类型：D1D2平头卵圆形，D1D3圆筒形，CD1花心卵圆形，CD3花心直筒形，D2D3平头直筒形。

3. 芜菁亚种。具有膨大的肉质根为其产品器官；有明显的叶柄，叶片深裂或全裂。

芜菁亚种

注：引自《中国大白菜图鉴》（2016年版）。

（二）园艺学分类

1. **根据叶球的形态分类。**大白菜的球形高度、横径及球顶形状构成了叶球的不同形态，综合分类如下：平头形、球形、倒锥形、头球形、筒形、牛心形、笔尾形及炮弹形。

平头形

球形

倒锥形

头球形

筒形

牛心形

笔尾形

炮弹形

叶球的形态分类

2. 根据熟性分类。根据从播种到商品成熟的天数进行分类，即极早熟≤55天；早熟56～65天；中熟66～85天；晚熟>85天。

3. 根据球叶的重量与数量分类。由于大白菜叶球的重量主要是由球叶的数量和各叶片的重量构成的，因此根据球叶的数量及其重量所占叶球的比例不同，分为叶重型、叶数型及中间型三个类型。

（1）叶重型。指长度在1厘米以上的球叶数不超过45片，但叶球外部的单叶重量与内部的叶片重量相差悬殊，对叶球重量起决定性作用的叶片主要是第1～15片球叶的重量，再向内的叶片对整个叶球重量影响不大。

（2）叶数型。指长度在1厘米以上的球叶数超过60片，球叶数较多而单叶较轻，叶片的中肋薄，主要靠叶片数增加叶球重。卵圆形多此类。

（3）中间型。介于叶数型和叶重型之间。这种分类方法日本学者比较喜欢。

叶重型

叶数型

二、大白菜的传播与发展

（一）大白菜在中国的传播与发展

大白菜原产于中国，据载 2 000 多年前的蔚菜是现今的大白菜、白菜和芜菁的共同祖先。经过近 500 年慢慢进化为菘，6 世纪 30 年代《齐民要术》中载"菘菜似芜菁，无毛而大"。从南宋到元明时期，白菜类的种质资源已经很丰富，由于天然杂交和生产者的定向选择，逐渐形成了品类繁多、形态各异的局面。到了 20 世纪 50 年代，大白菜几乎在全国普遍栽培，根据资源调查我国大白菜品种共有 800 余种，尤以河北、山东两省最多，各有 100～200 种。

天津的青麻叶、北京的小青口、山东的胶县白菜、河北的徐水白驰名全国，远销我国香港、澳门及东南亚等地区，深受国内外消费者欢迎。国画大师齐白石先生在其名画《白菜辣椒》上为白菜鸣不平："牡丹为花之王，荔枝为果之先，独不论白菜为菜之王，何也？"可见白菜在蔬菜中的地位。

（二）大白菜在国际上的传播与发展

朝鲜早在17、18世纪就开始从中国引种，现已培育出很多优异的大白菜新品种。日本在1902及1905年从中国引种栽培成功，到了1915年，日本大白菜进入蓬勃发展阶段。这两个国家的大白菜品种，尤其是春、夏大白菜品种已明显领跑大

齐白石画

注：引自《中国大白菜图鉴》（2016年版）。

白菜育种水平。第二次世界大战之后，国际交往频繁，大白菜已被多国引种试种成功，几乎有华人足迹的地方就有结球大白菜的踪影。

三、大白菜的种植面积及区域

（一）大白菜的栽培面积、产量

大白菜在全国各地均有栽培，在各类蔬菜中栽培面积最大，产量最高，供应量最多，供应时间最长。据统计，全国大白菜全年播种面积约4 000万亩，约占全国蔬菜播种面积的15%左右。

（二）大白菜的产区分布

大白菜在全国各地均有栽培，由于历史、生态、生产和消费的原因，我国北方地区是大白菜的主产区。

四、大白菜的营养及药用价值

（一）大白菜的营养

大白菜营养较丰富，含有蛋白质、脂肪、多种维生素和钙、磷等多种矿物质及大量的膳食纤维。大白菜的钙含量比番茄高5倍，比黄瓜高1.9倍。抗坏血酸也比黄瓜高4倍、比番茄高1.4倍。

（二）大白菜的药用价值

大白菜有很好的药用价值。其性平味甘，可解热除烦，通利肠胃，有补中消食，利尿通便、清肺热止咳痰、解渴除瘴气的作用。其药用价值在《本草纲目》《纲目拾遗》及《滇南本草》中均有记载。

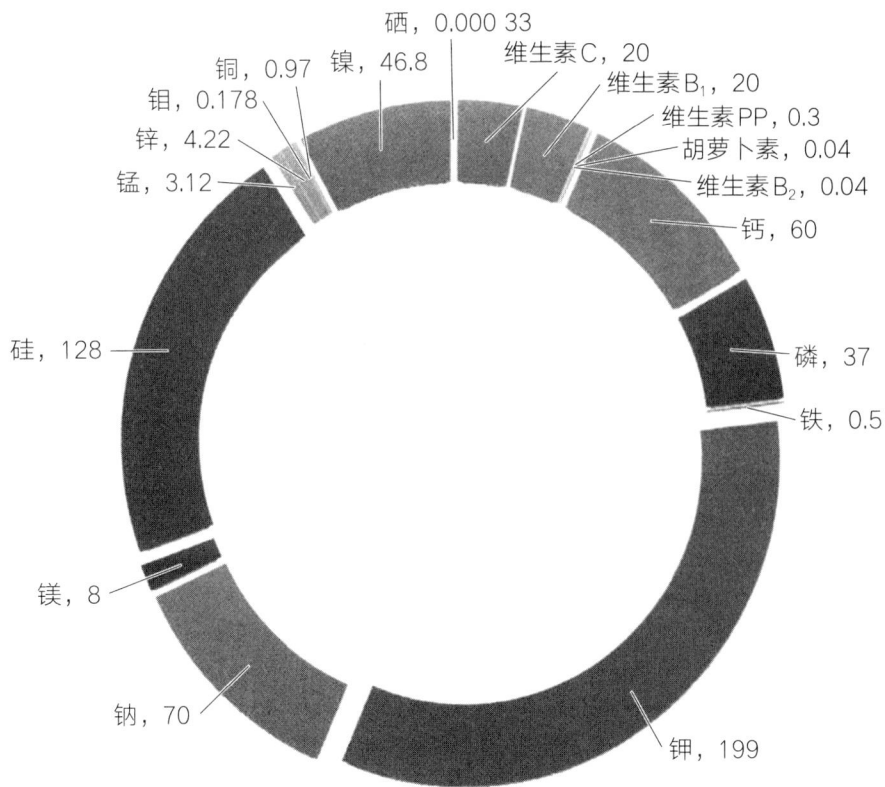

硒，0.000 33
铜，0.97　镍，46.8
钼，0.178
锌，4.22
锰，3.12
硅，128
镁，8
钠，70
钾，199
维生素C，20
维生素B₁，20
维生素PP，0.3
胡萝卜素，0.04
维生素B₂，0.04
钙，60
磷，37
铁，0.5

大白菜营养成分含量（每100克可食用部分含量，毫克）

注：引自《中国大白菜图鉴》（2016年版）。

五、大白菜的生物学特性

（一）植物学特性

1. 根。大白菜的根系属于浅根性直根系，虽然它的主根入土可达1米左右，但其吸收根（侧根）主要分布在地表下20～30厘米土层内。大白菜根系的水平分布以主根为中心，可达50～80厘米。根据以上根系分布规律，为扩大白菜吸收水分和养分的范围，创造合理的栽培条件以增加根系的深度和幅度是十分重要的。白菜虽然是浅根系，但耕地要深，造成深厚的耕作层，以增加根系的深度。

2. 茎。幼茎指子叶期的上胚轴部。幼茎的长短，是识别子叶期幼苗健壮与否的重要标志。凡子叶出土后，幼苗粗短挺挺直立的是壮苗，幼苗细长而弯曲倒伏的是弱苗。短缩茎是营养

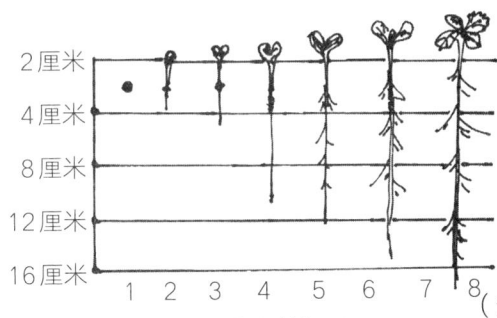

2厘米		
4厘米		
8厘米		
12厘米		
16厘米	1 2 3 4 5 6 7 8 (天)	

芽期的根系

0厘米 16月　　25月
20厘米
40厘米
60厘米

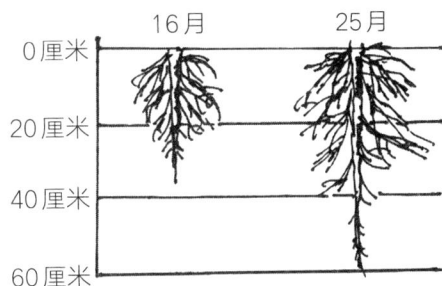

幼苗期的根系

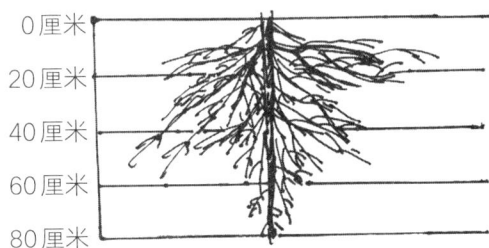

0厘米
20厘米
40厘米
60厘米
80厘米

莲座期的根系

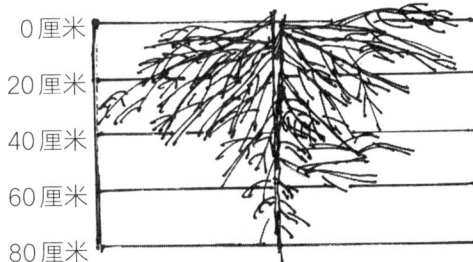

0厘米
20厘米
40厘米
60厘米
80厘米

结球期的根系

白菜各个时期的根系

21

生长时期着生叶片的茎，由于叶片不断分化，叶数增加，叶序排列紧密，节间短，所以也就称为短缩茎。大白菜短缩茎的形状、大小是衡量一个品种优劣的重要性状，一般短缩茎矮的品种，花芽分化晚，抽薹较晚。反之，花芽分化早，抽薹较早。花茎是从通过春化的短缩茎先端向上延伸的花薹。

短缩茎以下的下胚轴

短缩茎

较长的短缩茎　　　　　　　较短的短缩茎

　　3. 叶。营养生长时期叶很发达，是产品器官。大白菜叶呈明显的"器官异态"现象，即具有"异型性"，分为子叶、基生叶、中生叶、顶生叶及茎生叶。子叶两枚，对生有柄；之后生出一对基生叶或称初生叶，长椭圆形，有柄无翼；再往后则着生中生叶、互生，一般2～3个叶环，早熟品种叶序2/5（3/8）型，晚熟品种叶序3/8（5/13）型，这是大白菜的主要同化器官。完成中生叶叶环生长后，再向内即是构成叶球的顶生叶，也叫

23

球叶。它着生在茎的顶端，是同化产物的贮藏器官。在通过春化阶段以后，花薹抽生，产生花茎，其上着生的叶叫茎生叶。异态叶型是结球白菜的一个特征。

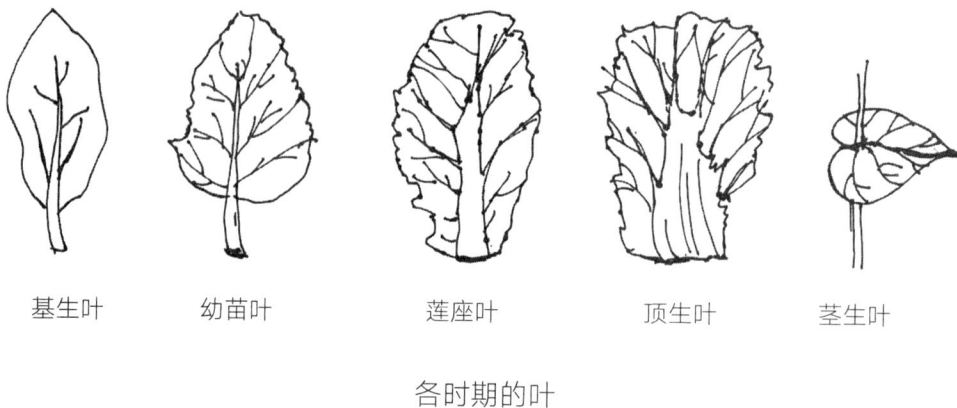

| 基生叶 | 幼苗叶 | 莲座叶 | 顶生叶 | 茎生叶 |

各时期的叶

4. 花。花淡黄色，为总状花序，未开花前短缩，开花结果时不断伸长。完全花，花萼、花瓣各4枚，雄蕊6枚，为4强雄蕊，子房上位。开放时先从主枝开放，自下而上。

24

5. **果实**。大白菜果实为长角果，成熟时纵裂为两瓣，角内有种子10～20粒，种子圆形至微扁形，颜色有黄色、红褐色至深褐色。

白菜的花

白菜的果实

（二）生活周期

大白菜的生活周期分为：种子休眠期、发芽期、幼苗期、莲座期、结球期、休眠期、抽薹开花期及结果期。

大白菜的生活周期

1. **发芽期**。从播种到子叶完全展平（俗称"破心"），至第一片真叶长出为发芽期。

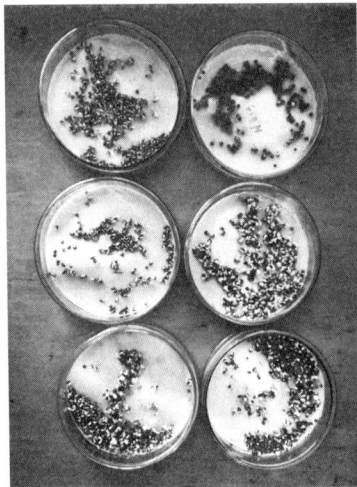

萌芽

破心

2. **幼苗期**。从第一片真叶长出，至基生叶展平（俗称"拉十字"）。直至真叶刚长出十二三片时为止，这一时期也称开小盘或团棵，此时生长量不大，但生长速度很快。早熟品种发生

5片展开幼苗叶，需要16～17天，晚熟品种发生5片展开幼苗叶，需要21～22天。

拉十字

幼苗期

　　3. **莲座期**。团棵至再长出1～2个叶环，形成发达的叶丛。形成大白菜的主要同化面积，苗端已分化球叶，这一时期需要18～28天。此时是外叶形成最多的时期，也是球叶分化最快的时期，是功能叶面积增加最快的时期，也是单株重增加最快的时期。莲座期是大白菜生长的关键时期。

4. 结球期。 从开始包心至形成整个叶球。此期生长量最大。早熟品种需要25～30天，中晚熟品种需要40～60天。结球期又分为前中后三期，前期外层球叶生长构成叶球的轮廓，称为"抽桶"或长"框"；中期内层球叶生长以充实叶

莲座期

球，称为"灌心"，此时球重增加最快，量最大，要大力促进养分的制造和向叶球的运输积累；后期外叶养分向球叶转移，叶球体积不再扩大，只是继续充实叶球内部。球期是产品器官形成时期，从生长时间看，约占全生长期的1/2，从生长量看，约占总量的2/3，特别是结球前中期，是大白菜生长最快的时期。

5. 休眠期。结球白菜遇到低温就强迫进入休眠期，此时生长停止，如果遇到适宜条件，可以不休眠或随时恢复生长。在休眠期间植株不进行光合作用，只有微弱呼吸作用，但继续形成花芽和幼小的花蕾。

结球期

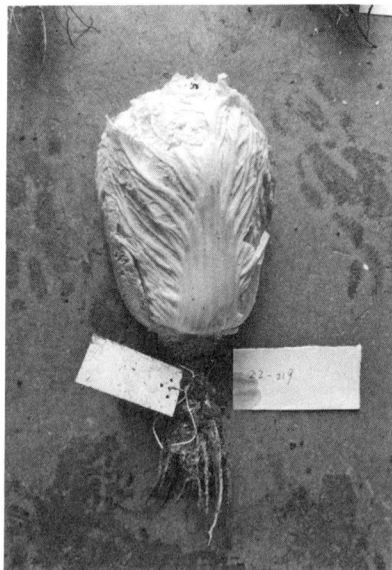

休眠期

以上是大白菜营养生长时期的分期情况。

6. 生殖生长阶段。 包括返青期、抽薹期、开花期和结荚期。大白菜的莲座后期或结球前期已分化出花原基和幼小花芽，但此时以叶球生长为主，且温度渐低，光照时间渐短，不利于

抽薹期

开花期

31

花薹抽出。返青期：从母株切头后，并将种株栽植于采种田中至抽薹，约8～10天；抽薹期：从开始抽薹到开始开花为抽薹期，约15天；开花期：由始花到种株基本谢花为开花期，约15～20天；结荚期：从谢花后，到果荚生长、种子发育、充实为结荚期，约20～25天。

结实期

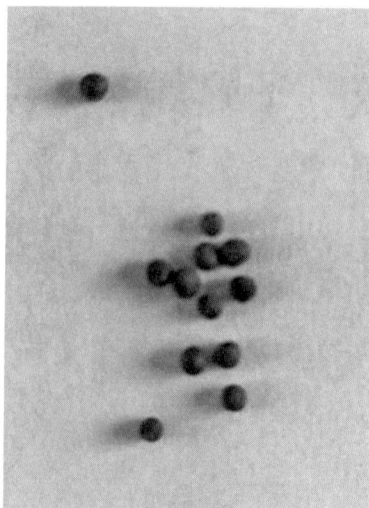

种子休眠期

（三）对环境条件的要求

1. 温度。大白菜属于半耐寒性蔬菜，生长期要求温和的气候，不耐热也不耐寒。短期的 −3～4℃低温不致使大白菜受冻，一般可忍耐轻霜。大白菜的不同生长发育阶段，对温度的要求

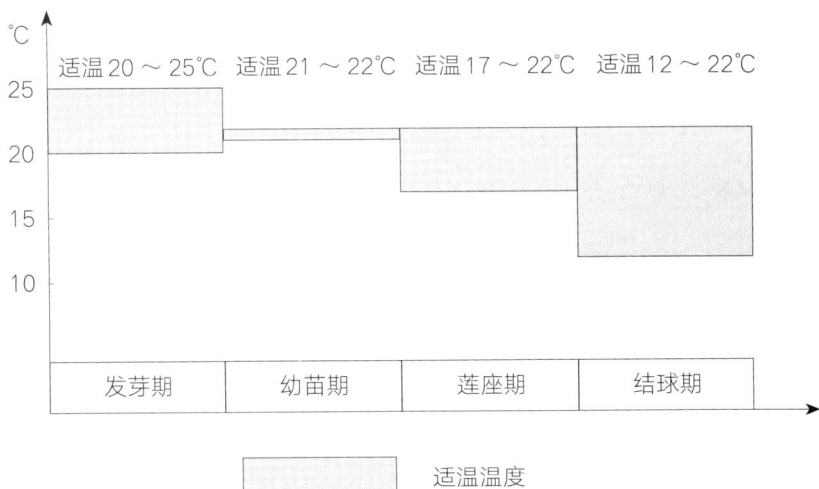

各时期适宜温度

也是不同的。生长期间的适温为 10～22℃。高于25℃生长不良，高于30℃则不能适应。在10℃以下生长缓慢，在5℃以下停止生长。贮藏期以0～2℃为宜。

2. 光照。大白菜是要求中等光强的作物。不同品种、不同生长时期的光合强度有差异。光合强度幼苗期最低，莲座期较强，结球期最强。光合作用也需要充足的阳光，在幼苗期和莲座期，如遇连续阴雨、光照不足的天气，叶片就会发黄、变薄，瘦弱徒长。

3. 水分。大白菜叶片数多，叶面积大，叶面角质层薄，水分蒸腾量大，并且根系浅，所以需水多，特别是结球期，需水量最大。

（1）发芽期和幼苗期：蒸腾作用不大，但此时根群还不发达，吸水能力还很弱，所以仍必须保持土壤湿润。

（2）莲座期：随着莲座叶面积的迅速扩大，蒸腾作用也随之加强，需水量也大大增加。

（3）结球期：是大白菜需水量最多的时期，必须保证土壤有充足的水分。但是，在结球后期，要节制灌水，以免叶球开裂，不耐贮藏和软腐病等病害发生。

4. 土壤。大白菜对土壤矿质营养和水分的需求量很大，但它的根系很浅，因此，它对土壤的要求就很严格，以疏松肥沃、通气保水保肥能力强的土壤为好。

最好的土壤是上层有厚度达50厘米质地适中的轻壤土，底层有较黏重的土质以防水分渗漏。

以微酸到中性较为适宜，即pH 6.5 ～ 7.0为好。过酸易发生根肿病。过碱易发生干烧心。

5. 矿质营养。白菜主要以营养器官为产品，而且单位面积产量很高，所以对矿质营养条件的要求无论在数量上，还是在营养成分的构成上都很重要。

土壤

在矿质元素中，氮素的作用对白菜的生长最为重要，尤其在幼苗期和莲座期，缺氮对大白菜的地上部及地下部的生长速度及叶片分化有显著抑制作用。

磷素有促进植物生长点细胞的分生作用，缺磷时叶子呈暗绿色，叶背和叶柄发紫，植株矮小。

钾素对于碳水化合物和蛋白质的制造和转化运输有重要作用，缺钾时叶缘枯黄而呈"焦边"状，影响养分运转，且莲座叶未老先衰。

钙的缺乏会导致"干烧心"，这种情况往往发生于土壤干燥或施肥过多时。

白菜对硼的吸收随着生长而增加，生长盛期缺硼，会引起叶柄内侧组织木栓化，由褐色变黑褐色，造成结球不良。

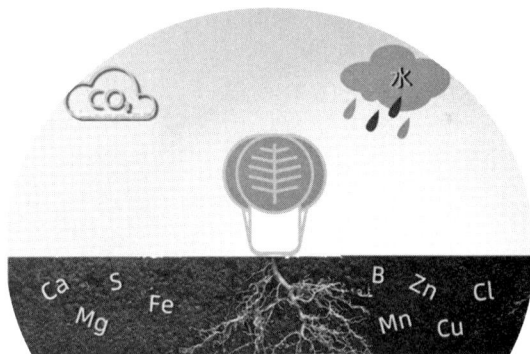

氮：磷：钾＝2：1：3

矿质营养

第二章

大白菜栽培制度及要点

一、主要生长期应处于最适宜季节

由于气候寒冷、无霜期短，在20世纪60—80年代甚至直到90年代，北方大白菜种植一直采用秋季一季种植，经济效益很低。随着种植水平的提高，大白菜可以实现春季、夏季及秋季栽培，还可以和其他作物实现复种和套种栽培模式，大大提高了经济效益。

不论是秋冬大白菜还是春、夏秋大白菜，都要把该茬大白菜的主要生长期安排在当地最适宜大白菜生长的季节内，尽量避免低温或高温等不良天气因素的为害。白菜在各个生长期所发育的器官不同，生长量和生长速度也不同，因此对生活条件也有不同的要求。在栽培过程中必须针对各个时期的不同要求合理地运用综合的农业技术，才能保证丰产优质。

二、品种选择原则

（一）选择适于不同季节栽培的品种

春季栽培大白菜应选择早熟、抗病、耐抽薹品种；夏季栽培大白菜应选择早熟、抗病、耐热品种；秋季栽培大白菜应选择早熟、抗病、耐贮运的大白菜品种。

（二）选择市场需求的品种

目前市场需求的春、夏、秋季主要栽培品种类型具有心叶黄色、软叶多、抗病、优质等特点。

（三）选择引领高端市场的大白菜品种

适量种植占领高端市场的白菜品种，如富含胡萝卜素和维

优质大白菜品种

黄心大白菜品种

生素C的橘红心白菜及富含青花素的紫白菜等，都会有不凡的经济效益。用橘红心大白菜加工的酸菜，颜色鲜艳，口感好，是酸菜中的精品。

（四）选择种植经济效益高的大白菜品种

种植娃娃菜品种，栽培亩保苗6 500 ～ 8 000株，售价是普通白菜的5 ～ 10倍。

橘红心白菜

紫白菜

橘红心白菜加工的龙园红系列酸菜

（五）根据不同用途选择不同类型的品种

根据不同用途选择不同类型的白菜品种种植，可以达到更好的经济效益。如腌渍酸菜，应选择帮叶比大的品种，酸菜产量高，口感脆嫩；如果鲜食或涮火锅，应选择软叶多的品种；如果是冬季贮藏品种，选择柱状、叶柄和叶片均是绿色，储藏易于码垛，储藏后叶柄及叶片仍呈现绿色，商品性好的品种。

娃娃菜品种

冬季贮藏品种

（六）选择目前市场上推广应用的品种

1. **龙红1号**。由黑龙江省农业科学院园艺分院培育，株高38.0厘米，株幅55.0厘米，外叶数10片左右，球叶数50.0片，球型指数1.6，合抱，尖头，心叶橘红色，叶球为炮弹形，软叶较多，平均单株重3.0千克，生育期75天左右。

2. **龙白10**。由黑龙江省农业科学院园艺分院育成，株高52.0厘米，株幅65.0厘米，外叶数10片左右，球叶数50.7片，球型指数1.6，合抱，尖头，心叶淡黄色，叶球为牛心形，软叶较多，平均单株重3.5～4.0千克，生育期75～80天。

3. **龙白11**。由黑龙江省农业科学院园艺分院培育，株高37.0厘米，株幅58.0厘米，外叶数10片左右，平均球叶数47.7片，球高32.0厘米，球径20.0厘米，球型指数1.6，合抱，心叶

龙红1号

龙白10

淡黄色，叶球为牛心形，软叶较多，平均单株球重3.0～3.5千克，净菜率76%以上，生育期55天。

4. **龙白12**。由黑龙江省农业科学院园艺分院培育，植株半直立，株高34.0厘米，球高30.0厘米；外叶中等绿、中肋白色；叶球柱状，球叶叠抱，球顶圆，内叶黄色，单球重2.5～3.0千克，结球紧实，商品性好。亩产5 366.17千克，生育期70天。

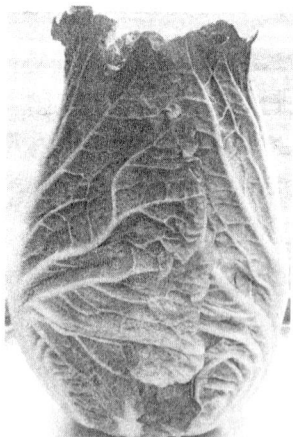

龙白11

龙白12

5. 辽白28。由辽宁省农业科学院育成，植株直立，株高40厘米，开展度60厘米。外叶深绿色，叶柄绿色，叶球炮弹形，单球净菜质量2.5千克左右，亩净菜产量6 500千克左右。生育期75天。高抗根肿病兼抗病毒病、霜霉病、黑腐病、干烧心等病害，生育期75天左右，在辽宁、山东、河南、吉林、黑龙江等地均可种植。

辽白28

推广较好的品种

目前市场上推广较好的品种还有玲珑黄、大秋黄、秋黄、金锦、山地王2号、百幕田尚品等一系列大白菜品种。这些品种的突出特点是心叶黄色，叶球几乎柱状。

三、育苗要点

（一）育苗土的配置

将经高温腐熟消毒的草炭、蛭石、珍珠岩按8∶1∶1的比例配制育苗营养土。将营养土装在营养穴盘或营养钵中。

（二）播种准备

将营养土装在营养穴盘或营养钵中。打透水后将穴盘或营养钵中央打一深度约1厘米的孔，要求深度均匀。

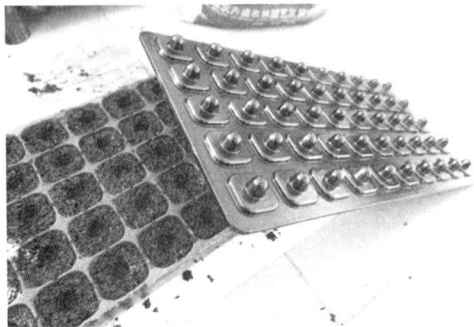

穴盘播种

营养钵播种

（三）播种

春季育苗播种：每年3月中旬至4月上旬；夏秋季育苗播种：每年6月下旬至7月1日左右，将白菜种子2～3粒播在营养穴盘孔穴中，然后用拌有苗盾（恶霉灵甲霜灵合剂）的营养土覆盖。

加温温室春白菜穴盘播种

春白菜穴盘播种出苗

（四）苗期管理

育苗期间，生长适温为 20 ～ 25℃。春白菜需要在加温温室中进行，以保证温度。夏秋季白菜播种及育苗需要遮阴网和喷灌降温。当苗出齐后，还要轻施追肥，以便助苗生长。在幼苗出现2～3片真叶时，应分别进行2次间苗，最终每钵只留1株壮苗。

夏秋季穴盘出苗

苗期喷灌降温管理

（五）定植

幼苗长到5～7片真叶时定植，苗龄在25～28天左右。定植最好在傍晚或阴天进行。要边起苗、边移栽、边浇水。

5 ～ 7片真叶幼苗

夏、秋季大白菜定植

第三章

大白菜栽培技术

一、春白菜栽培技术

白菜不是冬性很强的作物，一般在 2 ～ 10℃的温度下都能通过春化，10 ～ 13℃的温度下也能缓慢地通过春化。

白菜通过春化所需要的低温和天数，品种之间是有较大差异的，一般白菜在上述温度下需要15 ～ 30天。

大白菜植株在完成春化后，在12小时以上日照和18 ～ 20℃的较高温度条件下，有利于抽薹、开花，从而不能形成叶球，导致春季大白菜种植失败。

作为春季种植的春结球白菜，需要能够耐受较长时间的低温。品种选择、发芽及幼苗阶段温度条件至关重要。

（一）分期播种

第一播期：3月初，定植时间4月初，上市时间6月初，采用大棚栽培模式。第二播期：3月中下旬，定植时间为4月25日左右，上市时间为6月15日左右，采用小拱棚加地膜覆盖模式。第三播期：4月中旬，定植时间为5月中旬，上市时间为6月30日左右，采用地膜覆盖模式。

大棚栽培防寒

大棚栽培收获

地膜覆盖方式

（二）定植

高畦栽培，垄宽100厘米，双行种植，株距40厘米，亩保苗3 000株。亩施优质腐熟有机肥3 000 ～ 4 000千克。定植时施入优质氮、磷、钾复合肥15 ～ 20千克/亩；生长后期根据长势，在结球初期可追肥一次，施入尿素10 ～ 15千克/亩。

春白菜很容易干烧心，所以种植过程中需要补充钙肥。

春白菜外叶干烧心

春白菜内叶干烧心

（三）苗期及田间管理

1. 温度。反季节大白菜生产，极易发生抽薹开花现象。大白菜生长期间，温度低于13℃，会导致大白菜抽薹开花，因此育苗期间，白天温度25℃左右，夜间温度不能低于13℃，期间如遇阴雨天，可通过晴天后适当高温闷棚来减轻大白菜抽薹开花。

2. 水分。春季栽培大白菜苗期及莲座期时，气温低，要适量适时少量浇水，不可大水漫灌，以免降低地温。结球期尽量赶在高温多雨季节来临之前。浇水宜小水勤浇，并选择气温凉爽的早晨或傍晚进行，保证既不缺水，又能降低地温。切不可大水漫灌，导致软腐病流行。

3. 春白菜病虫害防治。反季节大白菜生产病虫害比较严重，结球期遇到高温期，软腐病和黑腐病较重，尤其收获期是小菜

滴管灌溉

蛾高发期，蚜虫也很重，因此病虫害防治是反季节大白菜生产中的重要环节。

4. **春白菜收获。** 反季节大白菜结球后温度已高，若收获过晚，花薹易从球中抽出，叶球遇高温或大雨还易腐烂。因此，反季节白菜结球达七八成时，即可陆续收获上市，最好至完全成熟时采收完毕。

二、秋白菜栽培技术

（一）选茬

黑龙江省的大白菜栽培分为：晒茬地和复种地。选茬的原则注意以下几点：

晒茬地

63

1. 注意防病。选茬的原则是无论晒茬地和复种地，都要避免选择前茬是十字花科作物的地块。十字花科作物与大白菜对养分的需求大体相当，又有着相同的病虫害，所以在选择茬口时要尽量避免与这些作物重茬。

2. 复种地块要考虑前茬作物的收获时间。复种地块应选择以收获较早的马铃薯、西葫芦等为前茬，在收获后能及早整地、晒垡和休闲，以促进土壤中养分分解和消灭土中潜伏的病虫。肥茬，前茬作物施肥多的蔬菜，菜豆在栽培过程中施肥较多，因根系较浅，而耗肥又少，特别是豆类因根瘤菌可以固定空气中的氮，可以培肥地力，对大白菜生长有利。辣茬，主要以大葱、大蒜、韭菜、洋葱等百合科为前茬。这类作物根系的分泌物对土壤有杀菌作用，能减轻软腐病的发生。有些菜农采用与洋葱、大蒜套种的方式也能起到类似的作用，效果很好。

3. **考虑除草剂的残留。** 咪唑乙烟酸（普施特）、氯嘧磺隆（豆磺隆）、甲氧咪草烟（金豆）等、2,4-滴丁酯、丙炔氟草胺（速收）、草甘膦（农达）、乳氟禾草灵（克阔乐）等。

4. **考虑选择环境。** 选地要远离工业三废污染源，灌溉用水也要使用未受污染的水源。大白菜是对重金属吸收能力较强的蔬菜作物，因此选择种白菜的地块应特别关注土壤中重金属元素的含量。

（二）整地

1. **翻地、起垄。** 大白菜根系主要分布在浅土层，具有发达的平行侧根和网状分根，而深土层根系不发达。为了促进浅土层根系更加发达，应尽可能增加深土层根系的分布，最好在前一年的秋季进行深翻，利用冬季冰冻作用改善土壤物理性状，并进行养分分解，以培养地力，同时消灭虫蛹。

播种之前需要再次翻耕起垄，此时土壤含水量一般在70%～80%较为合适。土地翻耕起垄以后，土质疏松，保水性差，应及时压滚子。在播种之前，还要铲一遍，既可以消灭杂草，又可疏松表层硬盖。同时注意细犁、密犁，犁底层高低一致，使用机器旋耕效果会更好，这样才能防止出苗后产生大小株的差异。

2. 复种地块整地。复种地块的前茬作物要尽早收获，以便有更充足的整地时间，使土壤经过稍长时间的曝晒和休闲，可以促进养分的分解和消灭土中潜伏的病虫。

（三）施肥

1. 底肥。大白菜是需肥量较多的作物。农家肥4 000～5 000千克/亩，或复合肥40～50千克/亩。大白菜对氮、磷（P_2O_5）、钾（K_2O）需求比例大体为2：1：3，同时需要各种中微量元素。为了减少施肥量、用工及硝酸盐含量等因素，可以考虑使用DMPP（二甲基吡唑磷酸盐）长效缓释肥。

大白菜有机肥

大白菜长效缓释肥

2. 追肥。常规施肥需要根部追肥2～3次；定苗时尿素10～15千克；莲座期尿素15～20千克，50%或52%硫酸钾20～24千克。施用方法是在垄帮阴面，不开沟，施于地表，然后用土覆盖。这样不致于伤根烧苗。注意不要离菜棵太近，因为地上部长到哪里，地下根部就扩展到哪里。根部追肥结合灌水进行。结球前期吸收氮肥最多，其次是钾和磷。进入结球期，钾的吸收量大增，并且吸收量最多，氮次之，磷较少。叶面追肥（又称根外追肥），一般可增产5%～10%，常规施肥的根

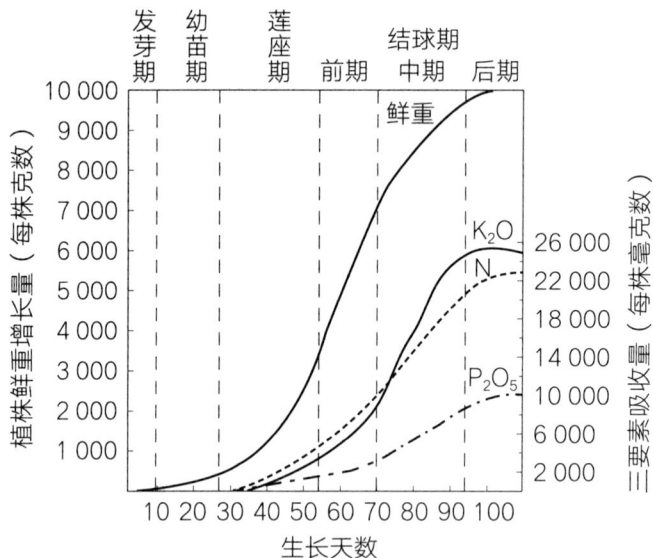

大白菜各生长时期三要素吸收量

注：引自《中国大白菜》(1998年版)。

外追肥不能替代根部追肥，仅是根部追肥的一种补充；根外追肥可结合防病防虫的施药一起进行，时间是阴天或晴天的下午；根外追肥常用的肥料是：1.0%尿素，含40%氧化钾的康朴红全营养叶面肥、硼肥等。底肥施用DMPP长效缓释肥，则无需根部追肥或者减少一次根部追肥，仅进行叶面追肥即可。

（四）播种

1. **播种期的选择**。利用大白菜苗期抗热性强的特点，在温度最高的季节播种，随着幼苗期的结束，气候也逐渐冷凉，适宜大白菜的生长。播期过早，病害加重，播期过晚，结球不紧。根据大白菜熟期早晚，哈尔滨地区播种时间一般在7月中下旬。

2. **播种要点**。穴播，穴深1～1.5厘米。天旱、墒情不好，可适当深播，播后覆土时可用锄头轻轻拍一下。连阴雨天，墒情好，可适当浅播，播后覆土不用锄头拍。

正确覆土　　　　　　　　　　　不正确覆土

播种要点

3. **合理密植**。单株重量和群体数量是影响大白菜产量的两个重要因素。即在单位面积上，要种植足够的株数，并且每一株能长够一定的重量，这样才能获得高产。稀植，单株重量虽然高但总产量不高；过于密植，株数虽多，但单株重量轻，同样影响总体产量。因此合理密植也是大白菜增产的重要环节之一。一般密度为：65～70厘米行距，40厘米株距。

4. **播种量**。大白菜的播种量决定着群体的整齐性；决定着群体的抗病性；决定着地块的保苗率；多年的实践认为，大白菜的播种量为每亩四两至半斤为宜。这是因为播种量大有利于

70

出苗，特别是当播后遇暴雨时，播种量对保全苗尤为重要。播种量大，出苗密度大，幼苗期子叶下胚轴伸长迅速，子叶快速离开地面，又由于幼苗相互间遮荫，可以缓解高温特别是地温过高对幼苗造成的伤害，从而减轻了病害特别是黄条跳甲的为害。

合理密植

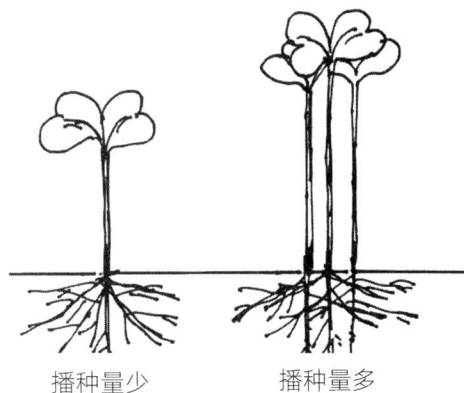

播种量少　　　　播种量多

播种量

（五）苗期及田间管理

要想取得大白菜的高产，应根据每一生长阶段，予以不同的操作措施。苗期管理非常重要，只有做好查苗、补苗，才能苗全；间苗、定苗适当，才能苗齐；中耕、除草合理，才能促使苗壮。

1. **间苗、定苗**。大白菜由于籽粒较小，出苗较困难，所以播种时种子量较大，往往出土后的苗数是实际所需苗数的10多倍。因为幼苗一出土，就需要一定光量的日照强度，如果距离过密，则极大影响幼苗生长，所以需要及时间苗、定苗，这是保证苗齐、苗全、苗匀、苗壮的重要措施。间苗要掌握"早间苗，晚定苗"，提倡"三次定苗"。第一次间苗在拉十字期，每穴留5～6株，这次间苗尽量要早，特别是播种量大时更要及早间苗。当真叶长到4～6叶时，进行第二次间苗，每穴2～3株。

当幼苗长到6～8片叶时，间成单株即定苗。早间苗，晚定苗，能使品种特征特性充分表现出来，选苗定苗准确，为提高群体整齐性和抗病性打下基础。

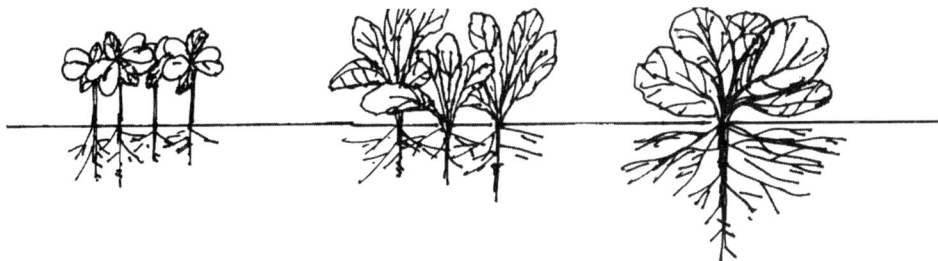

十字期　第一次间苗　　4～6片叶　第二次间苗　　6～8片叶　定苗

间苗

2. 中耕、除草。 铲趟和间苗是穿插进行的，一般是三铲三趟或三铲两趟；铲趟的原则是"浅、深、浅"，也就是通常讲的"头遍浅，二遍深，三遍铲趟不伤根"；铲趟间苗在一个月左右的时间里完成。

铲地是疏松垄台和清除杂草，在白菜出苗后6～7天或间头遍苗后铲第一遍地，这时幼苗根系浅，浅铲3～4厘米，以除草为主，锄深易透风伤根，苗易吊干；间第二次苗后铲第二遍地，以疏松土壤为主，深铲8～10厘米，铲后深趟一遍；大白菜封垄前铲第三遍地，此时白菜已放盘，根系横向生长，铲趟过深，伤根重，会影响生长和结球，所以要浅耕。

3. 灌溉。北方秋冬季白菜栽培有"三水齐苗""五水定棵"的说法。所谓"三水齐苗"，是指在播种当天浇水1次，定苗浇水1次，出齐苗浇水1次。"五水定棵"是指在"三水齐苗"的基础上，分别在间苗和定苗后浇第四次和第五次水，但也不是绝对的，要根据当时天气条件和土壤墒情进行调整。

底水确保苗齐、苗全。苗期需水量不大，但根系不发达，需小水勤浇，最忌大水漫灌，喷灌是一项很好的苗期灌溉方式。主要目的不在于供水，更主要的目的在于降温，减轻病害，尤其是减轻病毒病发生。进入莲座期以后，生长开始旺盛，需水量显著增加，要看天气适当加大灌水量，一般灌水1～2次。此时又是霜霉病的高发时期，应适当控水，莲座期浇水应掌握见干见湿原则，即地皮发白再浇水，既有利于根系发育，又利于减轻霜霉病发生。

大白菜结球期长达50天左右，此时生长最旺盛，需水量最多，对产量影响最大，要求土壤湿度保持在85%～90%，才有利增产和减轻干烧心病。此期正是北方降水逐渐减少的时期，灌水要结合降水情况，做到前促，后控，前期、中期做到地皮不见干。后期也就是收获前10～15天，停止灌水，避免含

浇水

水量过大，而不耐储藏和运输。

（六）收获

连续几天最低气温降到 $-4 \sim -3℃$ 即可开始收获。过早会影响产量，包心不紧、脱帮及不耐贮等；过晚会造成裂球、抽薹及冻菜。

第四章

大白菜
病虫害防治

在北方为害大白菜的主要病虫害有10余种。主要虫害有蚜虫、小菜蛾、菜青虫等。主要病害有霜霉病、病毒病、软腐病等。

一、大白菜的虫害防治

大白菜常见的虫害有：蚜虫、菜青虫、小菜蛾、甘蓝夜蛾、黄条跳甲、根蛆和小地老虎等。

（一）蚜虫

又名蜜虫，主要有三种蚜虫：菜溢管蚜（又称萝卜蚜）、桃蚜（又称烟蚜）、甘蓝蚜（又称菜蚜）。蚜虫是传播病毒病的媒介，大白菜病害程度的轻重与苗期蚜虫数量的多少有关，尤其决定于有翅蚜的飞迁数量；整个生育期均可发生；多集中在叶背面，刺吸液汁；蚜虫可以迁飞，常可从相邻地块植物上或杂草上迁飞到白菜上来；防治蚜虫要针对其繁殖快的特点，抓紧时间，将其消灭于始发阶段。

蚜虫成虫

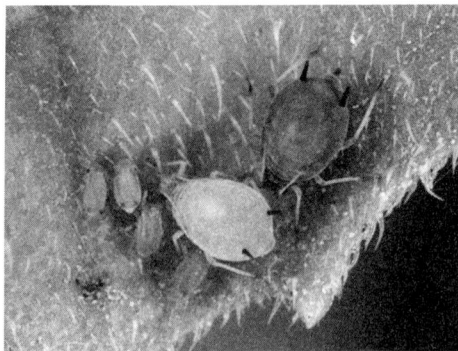

蚜虫幼虫

防治方法：农业防治为合理规划土地，清洁田园，清除杂草。

药剂防治：5%吡虫啉；20%啶虫脒；10%烯啶虫胺；25%噻虫嗪。每隔1周喷一次，连喷2～3次。其中抗性蚜虫特效药剂组合是25%噻虫嗪和10%烯啶虫胺。

（二）菜青虫

危害十字花科的粉蝶，在我国主要有5种，分别是：菜粉蝶、大菜粉蝶、东方粉蝶、褐脉粉蝶、斑粉蝶。其幼虫均称为菜青虫。幼虫在1～2龄时在叶背啃食叶片，3龄以后蚕食整个叶片，将叶片咬穿成孔洞或沿叶缘咬成缺刻，严重时仅剩叶脉和叶柄。

菜粉蝶

菜青虫

防治方法：菜粉蝶幼虫抗药力弱，应抓紧时间防治，一般在产卵盛期后5～7天，即为孵化盛期，此时为用药防治的关键时期。

药剂防治：4.5%高效氯氰菊酯；22%噻虫嗪·高氯氟；10%氟氯·噻虫啉；7～10天喷一次，一般2次即可。

（三）小菜蛾

又名菜蛾，俗名吊死鬼。

春菜、秋菜都可发生，以春菜为重。是一种世界性害虫，我国各省均有发生。该虫以幼虫为害叶片，初孵幼虫多蛀入叶片组织内，取食叶肉；2龄幼虫常在叶背啃食，残留叶面表皮，形成一透明的膜斑，俗称"开天窗"。3～4龄幼虫可将叶片吃成孔洞和缺刻，严重时将叶片吃成网状。

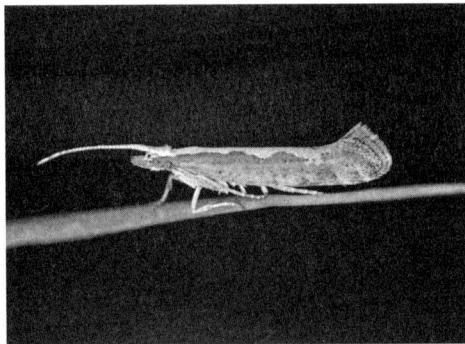

小菜蛾成虫

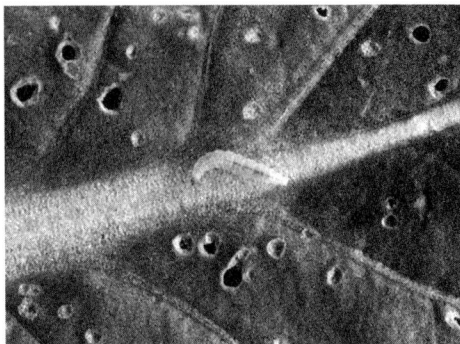

小菜蛾幼虫

防治方法：农业防治为合理选茬，避免和十字花科作物连作，避免与十字花科作物邻作，上茬作物收获后及时清洁田园。

药剂防治：小菜蛾极易产生抗药性，大多数的化学农药对小菜蛾都产生了抗药性。现主要使用3.4%甲基阿维菌素、0.5%伊维菌素和60克/升乙基多杀菌素等进行防治，且几种药剂应轮换使用，以便减轻抗药性的发生。

（四）夜蛾科主要害虫

夜蛾科主要害虫有甘蓝夜蛾、斜纹夜蛾、银纹夜蛾、黑点银纹夜蛾、甜菜夜蛾、丫纹夜蛾、大地老虎等。其幼虫是一种间歇性发生的害虫，北方各地受害较重，该虫以幼虫为害叶片，初孵幼虫集中于叶背取食，残留表皮，被害叶片呈现出密集的白色膜斑；稍大后逐渐分散，将叶片吃成空洞或缺刻，大龄幼虫则钻入菜心取食，且将粪便排泄在叶球中，使叶球失去商品价值，造成严重损失。

夜蛾幼虫

防治方法：防治甘蓝夜蛾一般采取以化学防治为主的综合措施；秋季翻耕土地，消灭部分越冬蛹，压低越冬基数；成虫诱杀：红糖3份，酒1份，醋4份，加水2份，再加少许敌百虫调匀，用时将毒液装入盆中，置于离地面1米高的三角架上，每3～5亩放一盆，白天盖好，每晚打开盖诱蛾，早晨检查蛾量，并补一次醋。

药剂防治：1～2龄的幼虫集中为害，便于喷药，一旦进入3龄，幼虫分散钻入心叶中，防治起来就非常困难。所使用的药剂与防治菜青虫药剂相同，但甘蓝夜蛾对生物制剂不敏感，使用时应有选择。

抗性小菜蛾、菜青虫和甘蓝夜蛾的防治方法：抗性小菜蛾、菜青虫和甘蓝夜蛾耐药（抗药）性强，严重时打5～7遍药，费时费力成本高、防效差、农药残留高。应用新农药可以解决抗性和持效期的问题，减少打药次数，减少人工，防效好。比如100克/升溴虫氟苯双酰胺复配15%高氯氟·虱螨脲，防效好，可明显减少用药次数。

（五）黄条跳甲

主要有黄狭条跳甲、黄宽条跳甲、黄曲条跳甲及黄直条跳甲等。俗称地蹦子、地蚤，成虫和幼虫均能为害白菜。成虫咬食叶片造成许多小孔，幼苗受害最重，子叶被咬食后，可引起整株死亡。

防治方法：倒茬，播种前要彻底铲除残枝败叶，深翻晒土，杀灭虫蛹减少虫源。

药剂防治：50%敌敌畏，3.4%甲基阿维菌素地面喷洒。

黄条跳甲

（六）根蛆

为害白菜的根蛆有3种，种蝇、萝卜蝇和小萝卜蝇。蝇蛆蛀食菜株根部及周围菜帮，受害较轻的菜株发育不良，呈畸形或外帮脱落。为害重的降低产量、感染软腐病、不耐储藏、无法食用。

根蛆

防治方法：萝卜蝇发生的规律为黏重而含腐殖质较高的地块较砂性土受害重；在同一块田中，排水不良、不通风的地块发生较重；包心的较舒心的发生重；白帮的较青帮的重；连茬的较新茬的重；早播的较晚播的重；植株高大的较矮小的发生重。

药剂防治：以药剂防治为主，在成虫羽化盛期和产卵盛期时，用药剂喷雾。如没有充分把握以上准确时期，可从8月初开始喷药，以后每7天一次，连喷3～4次。常用的药剂有高效氯氰菊酯等。如已发生幼虫，可用药剂灌根，用800～1000倍液的敌敌畏和吡虫啉溶液灌根。

种蝇防治措施：以农业措施防治为主。农家肥要充分腐熟，在发粪时，也可在表面喷洒杀虫药，以防成虫产卵。施肥时，要做到均匀、深施，种子与肥料隔离。

（七）小地老虎

别名地蚕、土蚕、切根虫。

幼虫为害白菜幼苗，切断白菜苗的根茎部，使整株死亡，造成缺苗，对生产影响较大。小地老虎成虫昼伏夜出，对黑光灯和糖醋有趋性；喜温暖潮湿的环境；3龄前

小地老虎幼虫

昼夜取食而不入土，3龄后白天潜伏在浅土中，夜间活动取食。

防治方法：农业防治为清除杂草。诱杀成虫和诱捕幼虫，

糖、醋、酒、水按3：4：1：2，加杀虫剂。毒饵诱杀，青菜叶或米糠拌药诱杀。

药剂防治：在3龄前使用杀虫剂噻虫胺撒施，傍晚前施药效果好。

白菜复种定植时或秋季直播时，可以撒施0.5%噻虫胺颗粒剂防治蚜虫、蛴螬等害虫。

二、大白菜的病害防治

大白菜的常见病害有：病毒病、霜霉病、软腐病、黑腐病、褐斑病、黑斑病及白斑病等。

（一）病毒病

幼苗期发病，心叶开始出现明脉、花叶、退绿，叶片常皱

大白菜病毒病

缩不平，心叶扭曲畸形，有时叶脉出现坏死的褐斑、条斑或橡叶斑。叶片往往沿中脉向一边扭曲。主要由蚜虫传播。

防治方法：选用抗病良种。早腾地，早整地，不重茬。适时播种，不抢早。加强苗期管理，认真、及时地防治蚜虫；苗期小水勤浇，以降低地温。

药剂防治：首选药剂0.5％抗毒剂1号（菇类蛋白多糖）+康朴悬浮锌；20％盐酸吗啉胍+悬浮锌。有效药剂1.5％植病灵乳剂。

（二）霜霉病

幼苗期即可发生，在子叶上形成褐色小点或凹陷斑，潮湿时子叶上有时出现白色的霉层。真叶发病在叶面出现多角型的黄色病斑，潮湿时在叶背面可生出白色霉层。病斑多时，互相连接可引起叶片大面积的枯死。

大白菜霜霉病

注：引自《中国大白菜图鉴》（2016年版）。

药剂防治：优选药剂60%吡唑·代森联水分散粒剂；18.7%烯酰·吡唑酯水分散粒剂；50%烯酰吗啉水分散粒剂；50%卡诺滋水分散粒剂；80%硫酸铜钙可湿性粉剂。

（三）软腐病

软腐病是细菌性病害。又称"烂疙瘩"，被称为白菜的三大病害之一。发生时期：整个生育期，但多数在大白菜包心以后。

软腐病症状种类有叶腐、茎基腐、烂葫芦。叶腐：一般发生在大白菜叶球被害虫为害以后，被害软叶呈黏滑软腐状，并往往破裂露出心叶来，严重时整个叶球腐烂。茎

大白菜软腐病

基腐、烂葫芦：最初发生在大白菜的叶柄基部，初为水浸状椭圆形斑，后逐渐扩大变软，呈暗灰色。严重时大半叶帮腐烂，发出臭味。当大部分叶片被害后，整个植株折倒而死亡。

防治措施：选好田块，精细整地，避开低洼、黏重地，不重茬。选用抗病品种与适时播种，目前没有软腐病抗原，但舒心品种较包心品种病害轻；直立生长的品种较塌地生长的品种病害轻；青帮品种较白帮品种病害轻。同一品种，晚播较早播病害轻，这些可在选择品种和确定播期时注意。及时防治害虫，早期防治地下害虫，苗期至包心期防治黄条跳甲、菜青虫、地蛆、甘蓝叶蛾等。田间操作要尽量避免造成伤口。

（四）黑腐病

各个生长期都可能发生，幼苗发病子叶边缘呈水浸状，根髓部变黑，迅速枯死。成株期发病，从叶片边缘开始发病，逐

大白菜黑腐病

渐向内扩展，形成 V 字形黑褐色病斑，周围变黄，病健交界处不明显。叶柄发病，沿维管束向上发展，形成褐色干腐，叶片歪向一侧，半边叶片发黄；严重时，叶片枯死或折倒。

叶片发病初期产生暗绿色水浸状小斑点，逐渐变为浅黑色至黑褐色，可沿叶脉发展，后期病斑中央颜色较深且油光发亮，多个病斑连成不规则形大斑；严重时叶脉变成褐色，叶片扭曲变形、变黄脱落。茎和种荚发病常产生深褐色不规则条斑。

防治方法：软腐病、黑腐病、黑斑病等细菌性病害优选药剂：登记在十字花科蔬菜的有机铜制剂。有效药剂：90％新植霉素可溶粉；77％可杀得可湿粉；53.8％可杀得2 000干悬浮剂；3%中生菌素可湿粉。

（五）褐斑病

褐斑病主要为害叶片。

叶片发病：初期为圆形或近圆形水浸状小斑点，慢慢扩展为多角形或不规则形浅黄白色斑，有些受叶脉限制，边缘突起呈褐色环带。

防治方法：种子处理，用温汤法处理或用50%多菌灵可湿性粉剂按种子重量0.3%～0.4%拌种。发病初期，可选用下列药剂防治：300克/升苯甲·丙环唑；25%吡唑醚菌酯乳油，或60%吡唑·代森联水分散粒剂。

大白菜褐斑病

注：引自《中国大白菜图鉴》
（2016年版）。

（六）白斑病

白斑病主要为害叶片。

叶片发病：初期产生灰褐色小斑点，后扩大成圆形或近圆形、中央灰白色、半透明状病斑，有污绿色晕圈，容易破裂穿孔。潮湿时，病斑背面有稀疏的淡灰色霉状物；严重时，病斑连成片，呈不规则形的大斑，最后叶片干枯。

大白菜白斑病

防治方法：种子处理，用50%多菌灵可湿性粉剂500倍液浸种1小时后捞出，用清水洗净后播种。发病初期，可选用下列药剂防治：18.7%烯酰·吡唑酯水分散粒剂；300克/升苯甲·丙环唑乳油。

（七）黑斑病

黑斑病又称轮纹病、黑霉斑病。主要为害叶片和叶柄，有时也为害花梗和种荚，病害多出现在中后期。病斑呈圆形，先淡褐色，后深褐色。周围有圆形轮纹，后期病斑上出现煤烟色霉层，有的病斑具黄色晕圈，在高温高湿条件下病斑穿孔，发病严重的，病斑汇合成大的斑块，致半叶或整叶枯死。

防治方法：种子处理，用50%多菌灵可湿性粉剂500倍液浸种1小时后捞出，用清水洗净后播种。发病初期，可选用下列药剂防治：18.7%烯酰·吡唑酯水分散粒剂；300克/升苯甲·丙环唑乳油。

大白菜黑斑病

参 考 文 献

刘宜生，1998. 中国大白菜 [M]. 北京：中国农业出版社.

鹿英杰，史庆馨，徐文龙，1998. 北方白菜栽培技术 [M]. 哈尔滨：东北林业大学出版社.

吕佩珂，刘文珍，段半锁，等，1996. 中国蔬菜病虫原色图谱 [M]. 呼和浩特：远方出版社.

王文瑞，梁太祥，等，2006. 大白菜栽培技术 [M]. 杨陵：西北农林科技大学出版社.

徐家炳，张凤兰，2016. 中国大白菜图鉴 [M]. 北京：中国农业出版社.